CONTENTS

JN061261

就農への道のり

決断力が〝カギ〟多様な就農への道のり

農業に従事するまでの道のりには、大きく分けて二つあります。一つは農業を自ら経営する道、もう一つは農業法人へ就職する道です。

まずは、次ページのフローチャート「就農への道のり（例）」を見て下さい。一般的には、このように就農のステップを踏んでいくことが多いと言えます。どのルートをたどるにしても、最初にやるべきことは「**1情報・基礎知識の収集**」。どんな作物をつくりたいか、どんな地域で農業をやりたいか——そのイメージを固めるための基礎知識を得ることが先決です。そのため各都道府県でどんな作物が作られているのか、または移住してみたい地域はどんな環境で、どんな支援があるのかを調べることが必要となります。

そうした情報を基に、経営作目の選択（稲作、野菜、果樹、花き・花木、畜産等）、または就農地域の選択（Uターン、Iターン、好きな場所、自分のビジョンにマッチした地方自治体の支援等）のいずれかの側面から自分の「**2方向性の選択**」をします。

意志がしっかりと固まった段階で全国または都道府県の新規就農相談センター（10、24、25ページ参照）に行けば、よりスムーズに「**3相談**」に乗ってもらえます。自分の気になる地域が見つかったら、一度は直接足を運ぶといった「**4体験・現場見学**」は必須の条件です。

この後、ルートが二つに分かれますが、独立就農の場合は道府県、市町村、農業公社、JAなどの研修施設や受入農家での「**5研修**」で技術や経営のノウハウを習得し、「**7就農準備**」として、自己資金のほかに制度資金などを利用して資金を確保。農地や住宅の確保、機械や施設の確保などをクリアしていけば「**8就農（独立）**」となります。

「**6農業法人に就職**」の場合は、勤め続けて幹部従業員となるパターンと、さらに経営・技術などを学んで独立を果たすパターンとがあります。とくに若い人は農業の知識・技術が不足し、独立就農して農業を始めるには資金も足りないことが多いため、農業法人に就職して経験を積むルートの方が早道の場合があります。

フローチャートは主な就農のステップを簡単に表わしています。これは一例で、Uターンにより故郷で就農することが決まっている場合や、情報収集の前に農業体験や現場見学をしてから就農先を決めるケースもあります。自分の事情に合わせて就農への道のりを考えていきましょう。

法人就職？ 独立？ イメージを固めよう

農業法人に就職

労働基準法により常時労働者が10人以上いる事業所は就業規則の作成が義務付けられています。そのため、経営規模が比較的大きい農業法人は就業規則を設けているところが多くなっています。規則のなかには退職手当の事項、いわゆる「退職金制度」についての記載があるのが通例です。大規模な複合経営をはじめ、人員を必要とする畜産関係の農業法人は、定年制を取り入れているところもあります。複合経営の場合は生産部門だけでなく、営業や販売、流通、企画運営などの部署を設けている法人もあります。

さまざまな部署で経験を積んで昇進し、役員になるという道はまだ一般的ではありませんが、農業で「定年まで勤め上げる」という道すじもあることを視野に入れておきましょう。

いずれは独立する

農業で独立することは、ベンチャー企業を起こすこととなんら変わりがありません。つまり、独立を目指す産業界の事情を入念に調べ、経営ビジョンを明確にし、見合った資金を用意して必要な施設や機材をそろえ、事業を始める。リスクも考えなければならないし、技術や資格も取得しなければなりません。

「農業」という言葉に惑わされるのか、「起業する」ことだと気付かない人は意外と多い状況です。起業するには、それなりの心構えと強い意志と決心が必要。独立後も黒字経営になるまでの資金が要ります。農業でも同様です。

始めから独立を考える人も、農業法人に就職して経験を積んでから独立を目指す人も、農業の適性があるかを農業体験や研修などを通して確認するところから始めましょう。

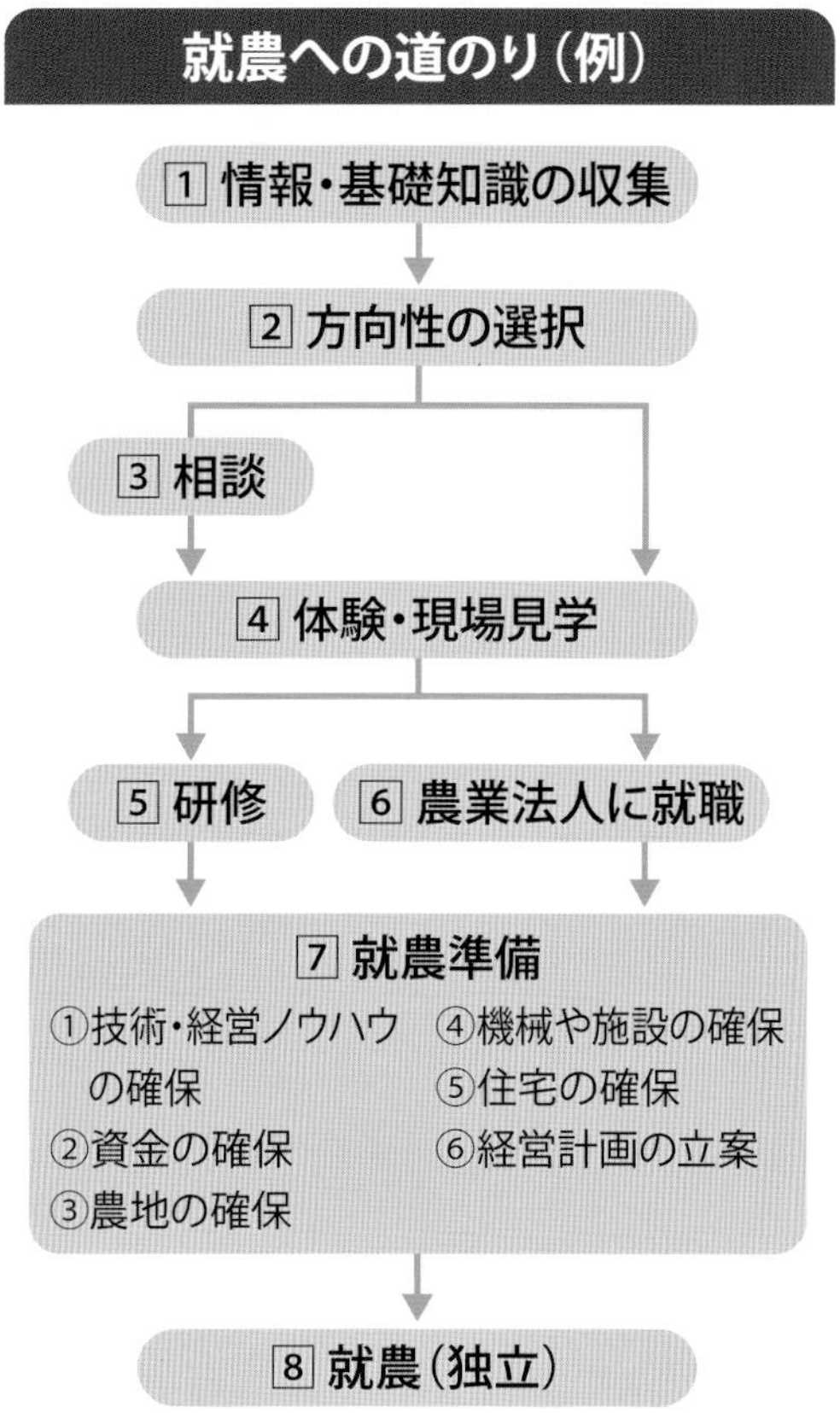

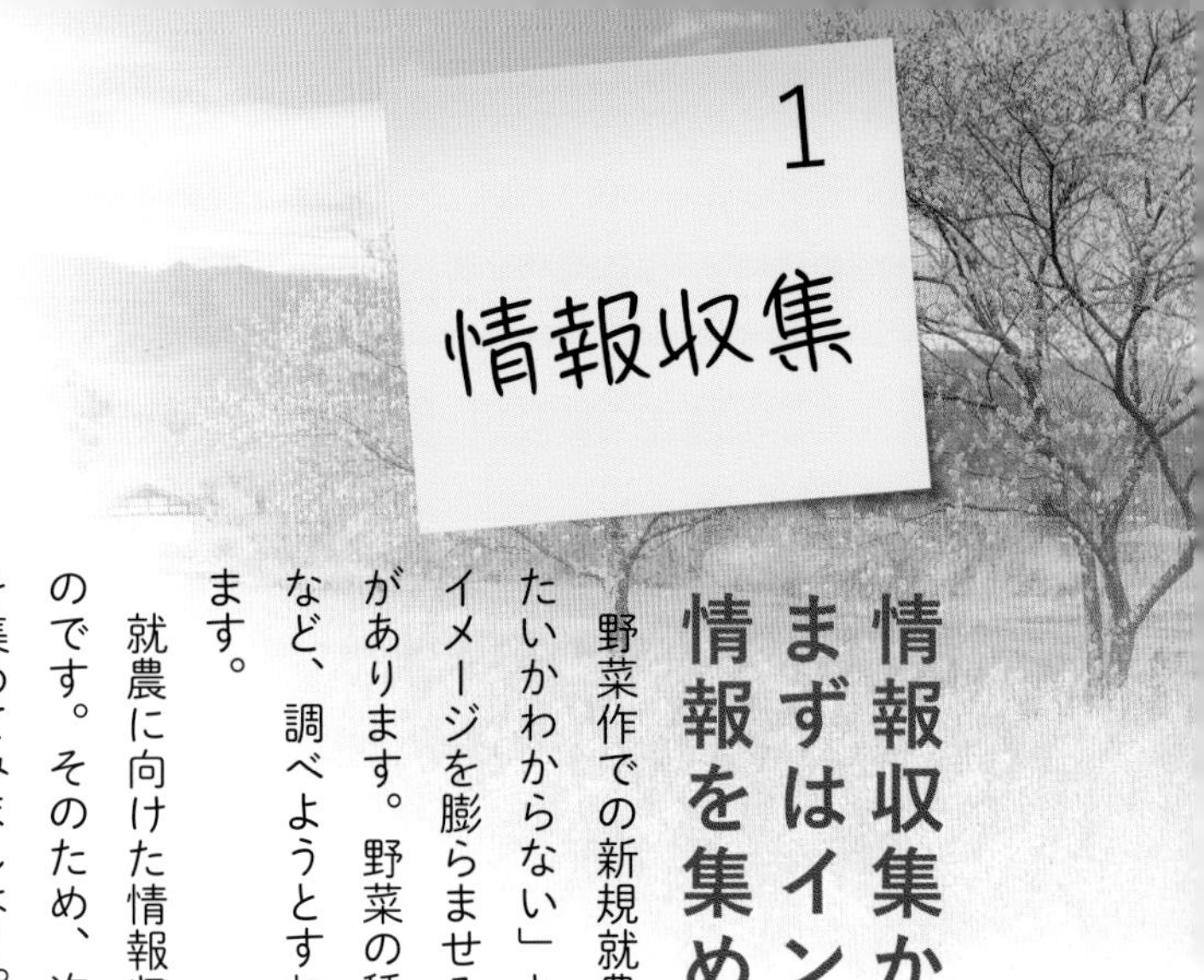

1 情報収集

情報収集から始める新規就農 まずはインターネットで情報を集めよう

野菜作での新規就農に興味があっても「どこで何をしたいかわからない」という人が多い状況です。具体的なイメージを膨らませるには、まず「情報」を集める必要があります。野菜の種類や産地、仕事の内容、支援制度など、調べようとすれば数え切れないほどの情報があります。

就農に向けた情報収集は、ある程度絞り込むためのものです。そのため、次のことなどをポイントとして情報を集めてみましょう。

▽作りたい野菜は？　関心のある地域は？
▽独立就農？　まずは法人就職？
▽自治体などの支援は？

インターネット上には新たに農業に就きたい人を応援する多くのウェブサイトがあります。知識を深め、ある程度の方向性を決めておけば、相談する時もより具体的なアドバイスを受けられます。まずはインターネットで、さまざまな角度から情報を収集しましょう。

ベジ探

https://vegetan.alic.go.jp/

独立行政法人農畜産業振興機構が運営する「野菜情報総合把握システム」。野菜の卸売価格動向、出荷等動向、野菜産地の生育・出荷等の動向、野菜小売価格動向調査、貿易統計など野菜に関する各種データを収集・分析・データベース化しており、圧巻の情報量です。

野菜ナビ

https://www.yasainavi.com

野菜生産ランキング（作付面積、収穫量、出荷量等）、野菜図鑑（各種野菜の歴史や選び方、保存方法等）、食べ頃カレンダー、野菜のおいしい見分け方や栄養成分、品種による特徴などが紹介されています。

みんなの農業広場

https://www.jeinou.com/

（一社）全国農業改良普及支援協会と（株）クボタで運営する「営農情報サイト」。先進的な農業経営者の横顔や機械化実証の取り組み、作業の省力化・高品質な作物づくりを実現する「快適な農作業」などの情報が掲載されています。

全国新規就農相談センター「農業を始める.JP」

https://www.be-farmer.jp/

全国新規就農相談センターが運営する新規就農のポータルサイト。「就農を知る」「体験する」「相談する」「研修／学ぶ」「求人情報」「支援情報」の各種情報が充実しています。「就農を知る」では農業の基礎知識や先輩就農者へのインタビュー・就農事例、「体験する」では農業インターンシップや就農準備校で農業体験（チャレンジ・ザ・農業体験）、「相談する」では全国と都道府県の新規就農相談センターへの相談、「研修／学ぶ」では道府県立農業大学校等の研修教育機関や自治体・JAの支援制度など、いずれの内容も実施機関へのリンクを通じて具体的な行動に移すことができます。

相談会等のイベントや人材募集などの情報も提供されるため、こまめにチェックしてみましょう。

都道府県新規就農相談センター

都道府県にある新規就農相談センターのウェブサイト。全国新規就農相談センター「農業を始める．JP」から入ることができます。就農する地域が決まっていて、特定地域の情報を収集したい方向け。相談窓口の住所・電話番号・URL、メールアドレス等の基本情報に加え、支援組織の業務内容や支援制度などが分かります。

都道府県・市町村の就農支援

都道府県・市町村の担当課などでは独自の就農ガイドブックを発行している場合があります。農業の概要や就農までの流れに加え、各地域の農林水産業の主な指標、就農支援機関などが掲載。ウェブサイトから電子データをダウンロードできる場合もあります。

農林水産省（生産局）

https://www.maff.go.jp/j/seisan/ryutu/engei/index.html

農林水産省のウェブサイト。「野菜のページ」として需給や入荷・価格などの見通し、価格安定・需給調整対策、加工・業務用野菜対策などの幅広い情報が掲載されています。

農林水産省 つながる農業技術サイト（野菜）

https://www.maff.go.jp/j/kanbo/needs/tsunagi_vegetable.html

現場のニーズと新たな課題をつなぐ農林水産省のウェブサイト。土壌消毒・除草、土づくり、種苗・品種、栽培管理など、具体的なニーズの解決につなげる最新の技術・製品を探すことができます。

農研機構（国立研究開発法人 農業・食品産業技術総合研究機構）

http://www.naro.affrc.go.jp/project/index.html

農研機構のウェブサイト。ICT等を活用した革新的な生産技術、収量・品質に優れる作物品種の開発などの研究情報、産学連携・品種・特許など幅広い情報が掲載されています。

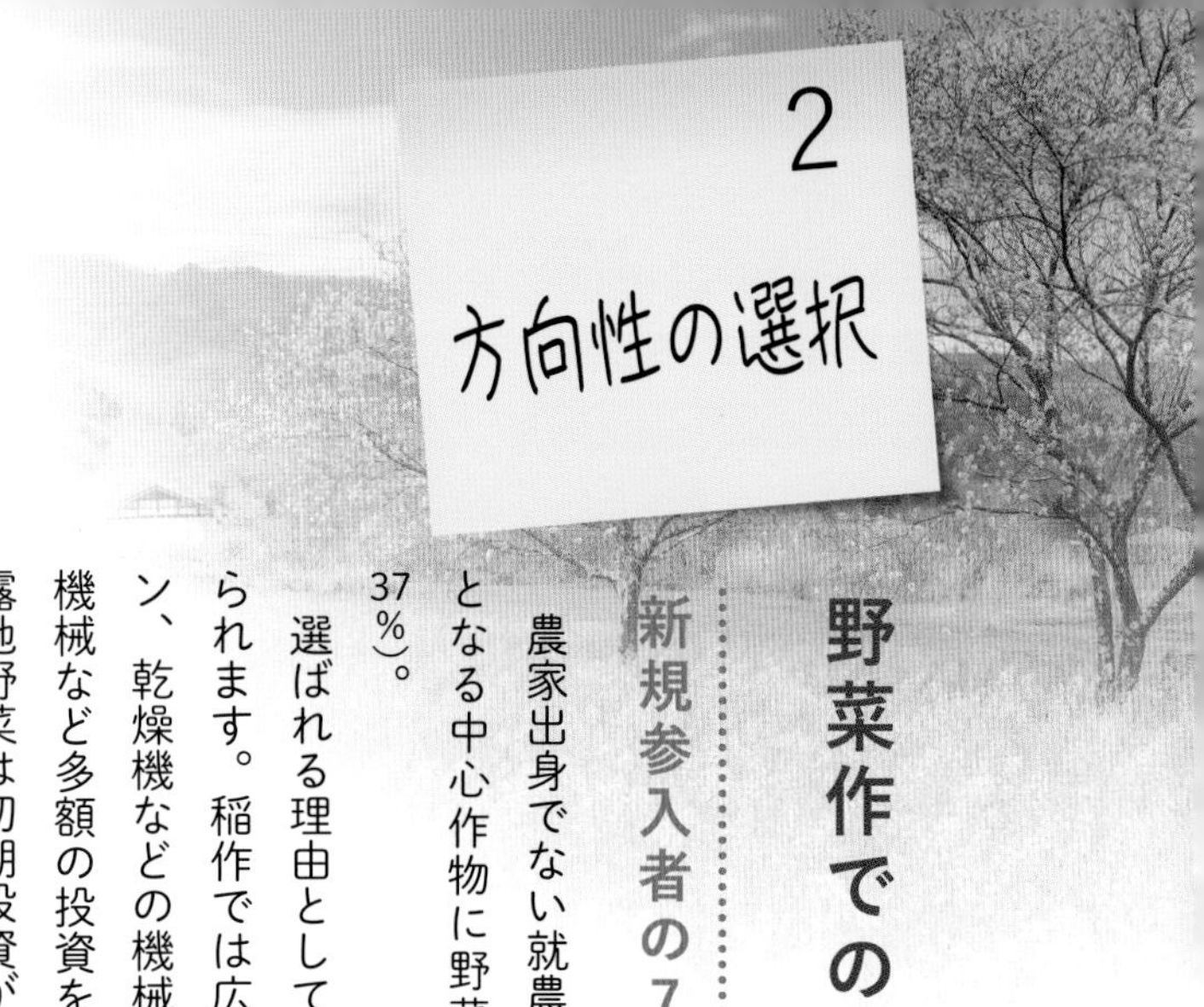

2 方向性の選択

野菜作での就農

新規参入者の7割弱が野菜を選択

農家出身でない就農者（新規参入者）の66％が経営の柱となる中心作物に野菜を選んでいます（うち露地野菜は37％）。

選ばれる理由として、まず、初期投資の少なさが挙げられます。稲作では広大な農地に加え田植機やコンバイン、乾燥機などの機械や施設、畜産では牛や牛舎、搾乳機械など多額の投資を必要としますが、野菜、とりわけ露地野菜は初期投資が比較的少なくて済みます。

また、大規模な農地でなくとも経営が成り立つことがあります。土地利用型の米・麦・大豆などは一定規模以上の農地が必要になりますが、野菜は小規模な農地でも多くの種類の野菜を作ることができ、一定の収益を上げることができます。

さらに野菜は、1年に1度しか収穫できない作物や果樹と違って、栽培期間が短いため収入を得るまでのサイクルが短く、年間を通じて多品目の野菜を収穫・出荷できます。このように野菜は新規参入のハードルが比較的低いことから、多くの新規参入者が野菜を栽培品目に選んでいます。

指定野菜等には価格安定制度

国内で生産される野菜は１５０種類以上。農業総産出額の3割ほどを占め、南北に長い日本では各地の気候・土壌条件に合わせた野菜作りとともに、需要の多い野菜は「産地間リレー」によって年間を通じ出荷・流通が行われています。

２０１８年産の野菜の作付面積は約40万ヘクタール、生産農家の高齢化や野菜需要の低下などで作付面積・収穫量は減少傾向にありますが、外食・中食産業の市場拡大により加工・業務用の需要が増加しています。

全国的に流通し特に消費量が多い重要な野菜が「指定野菜」（14品目）、また、地域農業振興などで指定野菜に準ずる重要な野菜が「特定野菜」（35品目）に定められ、指定野菜などを作る大規模な全国約９００産地が「指定産地」に定められています。指定産地では技術指導を受けられ資材が調達しやすいため新規就農者でも始めやすい一方、地域の農業者とほぼ同じ生産・販売方法をとることが求められます。

指定産地等で生産された野菜は、豊作などで野菜の市場価格が著しく下がった場合、生産者と道府県、国が積み立てた資金で相当額が補てんされる「価格安定対策」が実施され、野菜作経営の安定に役立てられています。

野菜の種類・就農地はどう選ぶ

都道府県別の野菜産出額（2018年）は1位が北海道、2位茨城県、3位千葉県、4位熊本県、5位愛知県、6位群馬県、7位長野県、8位青森県、9位埼玉県、10位栃木県。北海道ではジャガイモやタマネギなど重量野菜などの大規模栽培が行われる一方、大都市近郊では立地を生かして出荷の回転が速い軟弱野菜の栽培も盛んです。

野菜のうち何を作るかの選択は、就農地の土壌や立地条件などで栽培適地が異なるため、十分に情報を集める必要があります（1情報収集参照）。野菜産地や消費者の動向はもちろん、輸入野菜が国内生産量の2割強を占めるようになり、海外産地との競合を避けるため輸入野菜の動向にも配慮して作物を選ぶ必要があります。

野菜作経営の特徴

- 初期投資が少なく、小規模経営も多い
- 気象条件により価格が大きく変動
- 加工・業務用需要に対応も

指定野菜と特定野菜

	根菜類	茎葉菜類	果菜類	果実的野菜	その他野菜	出荷量（18年産）
指定野菜（14品目） **全国的に流通し、特に消費量が多く重要な野菜**	ダイコン、ニンジン、サトイモ、バレイショ	キャベツ、ホウレンソウ、レタス、ネギ、タマネギ、ハクサイ	キュウリ、ナス、トマト、ピーマン			929万t（78%）
特定野菜（35品目） **地域農業振興上の重要性等から指定野菜に準ずる重要な野菜**	カブ、ゴボウ、レンコン、ヤマノイモ、カンショ	コマツナ、ミツバ、チンゲンサイ、フキ、シュンギク、セルリー、アスパラガス、ニラ、カリフラワー、ニンニク、ブロッコリー、ワケギ、ラッキョウ、ミズナ、ミョウガ	カボチャ、サヤインゲン、スイートコーン、ソラマメ、エダマメ、サヤエンドウ、グリンピース、ニガウリ、シシトウガラシ、オクラ	イチゴ、メロン、スイカ	ショウガ、生シイタケ	202万t（17%）

農林水産省資料より作成

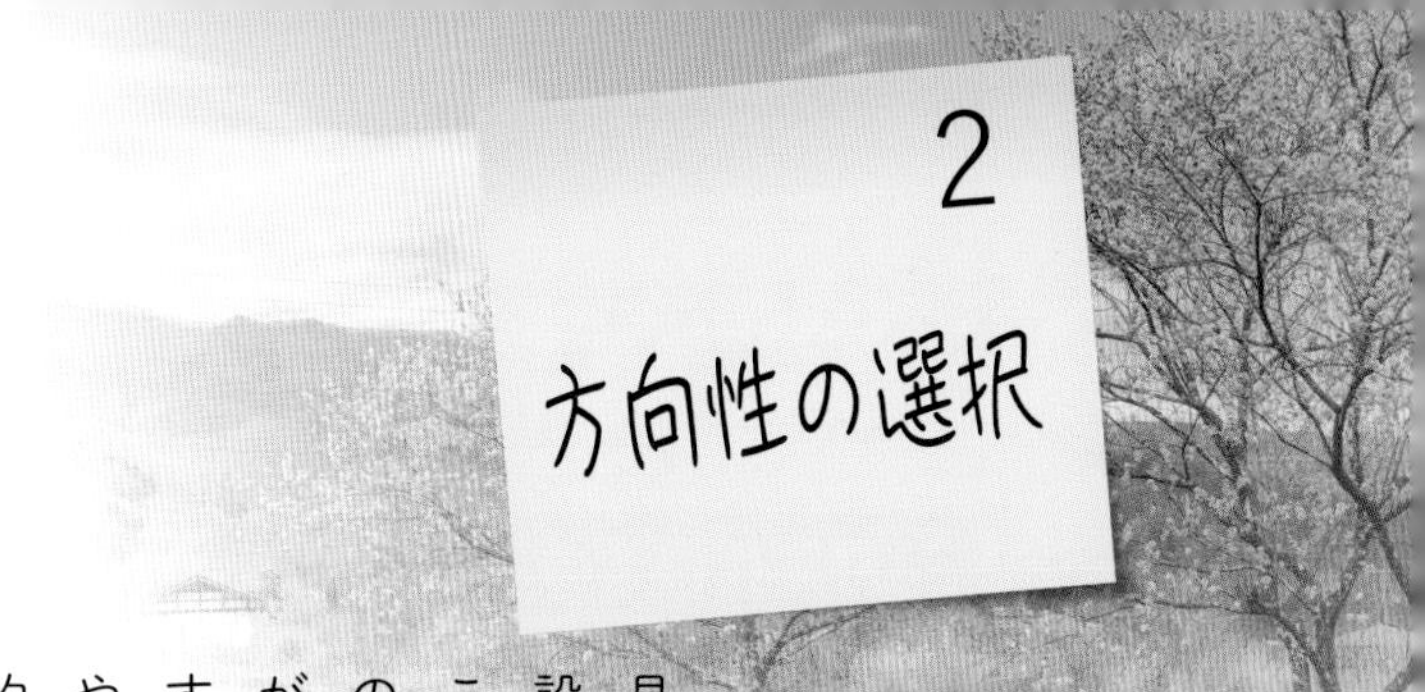

2 方向性の選択

野菜作での就農のポイント

品目別の経営収支

「野菜作の品目別経営収支等（10アール当たり）」（表１）を見ると、10アール当たりの農業所得は露地野菜に比べ施設野菜の方が全体的に高い水準にあることが分かります。

この理由として、施設野菜はキュウリやナス、トマトなどの果菜類が中心で、気象条件に左右されにくいため収穫が長期にわたる上、多収で単価が高いことが挙げられます。果菜類は農業所得が高い一方で、施設でのシシトウやイチゴなどは年間労働時間が２千時間を超すなど全体的に労働時間が長く、労働集約的な作目となっています。

反対に、ダイコンやニンジンなどの根菜類と、ハクサイやキャベツ、ホウレンソウなどの葉菜類は年間労働時間は比較的少ないですが、農業所得が低くなっています。このため、これらの作物を作る場合には一定規模の畑が必要となります。

なお、統計数値はいずれもプロ農家のものであるため、新規就農者の場合は低く見積もる必要があります。

機械・施設への投資と必要資金

露地野菜の場合は機械・施設への投資がほとんどなくても農業を開始できますが、トラクターや運搬車、軽トラックなどは必要となるでしょう。一方、施設野菜の場合は、パイプのビニールハウスであれば10アール当たり60万円程度の投資で済みますが、頑丈な強化プラスチックの温室は施設によっては１千万円以上もかかる場合があるため、自分の資金力や技術力、作物の特性に応じた投資が必要となります。

「就農１年目の費用と自己資金（新規参入者）」（表２）を見ると、露地野菜の営農面の費用合計は平均３１９万円、自己資金は平均１８７万円で、差し引き１３２万円が不足。一方、施設野菜の営農面の費用合計は平均８２６万円、自己資金は平均２７８万円で、差し引き５４８万円が不足しています。このため、就農時に露地野菜で28％、施設野菜では61％の人が青年等就農資金などの制度資金または農協・銀行等の民間資金を借り入れています。

労働力の確保が重要に

施設野菜は労働集約的であるため比較的小面積から始められますが、露地野菜で生計を立てるには一定規模の畑が必要になります。一方で野菜作は機械化が遅れているため、とりわけ収穫・調整・出荷にかかる労働時間が長く、労働力の確保が重要となります。最近は農産物の生産に加え加工・販売などいわゆる「６次産業化」に挑戦する農家も多く、その場合は加工・販売などを担う労働力の確保も必要となります。移住を伴う就農では家族の理解が不可欠なことはもちろんですが、野菜作経営は一人では難しく、夫婦を基本とする家族労働力の確保が経営を確立する上で要となります。

表1　野菜作の品目別経営収支等（10アール当たり）

（単位：万円、時間）

品　目	農業粗収益	農業経営費	農業所得	年間労働時間
露地野菜				
根菜類				
ダイコン	32	18	14	119
ニンジン	36	20	15	118
サトイモ	41	15	26	192
葉茎菜類				
ハクサイ	32	20	12	93
キャベツ	39	21	18	90
レタス	48	24	23	133
ホウレンソウ	34	16	18	220
白ネギ	68	28	40	336
青ネギ	87	36	50	587
タマネギ	32	21	11	139
ニンニク	58	31	27	264
果菜類				
キュウリ	177	59	119	932
ナス	180	58	123	1,049
大玉トマト	154	64	90	709
ミニトマト	179	99	80	1,131
ピーマン	143	53	90	776
シシトウ	201	58	143	2,155
果実的野菜				
メロン	54	25	29	221
スイカ	59	33	26	221
施設野菜				
葉茎菜類				
青ネギ	86	52	34	575
果菜類				
キュウリ	243	109	134	1,095
ナス	351	182	169	1,757
大玉トマト	260	137	123	947
ミニトマト	407	204	203	1,488
ピーマン	287	173	114	1,162
シシトウ	376	230	146	2,983
果実的野菜				
イチゴ	360	170	190	2,092
メロン	125	68	57	493
スイカ	75	37	37	293

農林水産省「農業経営統計調査 平成19年産品目別経営統計」より作成

野菜作での就農のポイント

- 作物と栽培適地の選択が必要
- 余裕ある自己資金を用意
- 労働力の確保も重要に

表2　就農1年目の費用と自己資金（新規参入者）

（単位：万円）

現在の販売金額第1位の作目	営農面 機械施設等 A	営農面 種苗肥料燃料費等 B	営農面 費用合計 A+B	営農面 自己資金 C	営農面 差額 C−(A+B)	生活面自己資金	就農1年目農産物売上高
露地野菜	216	103	319	187	△132	151	161
施設野菜	636	190	826	278	△548	186	343

一般社団法人全国農業会議所「平成28年度 新規就農者の就農実態に関する調査結果」より作成
※）数値は各項目回答者の平均値

全国新規就農相談センターに相談しよう

農業を始めたい場合に頼りになるのが、全国と都道府県ごとに置かれている新規就農相談センターです。中心となるのが、東京・千代田区にある全国新規就農相談センター（24ページ参照）。同センターは、新規就農に関するさまざまな支援活動（①日常の相談活動・情報提供、②体験・研修活動への支援、③農業法人への就職支援）を行っています。

①**日常の相談活動・情報提供**は、就農希望者の円滑な就農（後継者不在の農業経営の第三者継承を含む）に向けた面談等による相談のほか、就農にあたって必要となる制度・事業などの紹介や求人・研修情報などを満載したホームページの開設、就農相談の基礎資料となる「自治体等による新規就農者受入支援情報」の公開、新規就農した人の就農経緯や経営実態の調査、就農相談関連資料の作成などさまざまな情報を発信しています。２０１９年度、２０２０年度は「アフター5就農セミナー」と題した平日夕方以降のセミナーや、県と共催で週末に「ウイークエンド就農ミーティング」を開催しました。②**体験・研修活動への支援**では、農業法人での体験と、学校での体験・研修を用意。③**農業法人への就職支援**では、農業法人等の求人情報の収集・発信、「新・農業人フェア」の紹介のほか、無料職業紹介所としても活動しています。

ベテラン相談員が対応

全国新規就農相談センターでは、農業に興味を持ち始めたばかりの人から、就農に向けて実際に活動を始めている人などのために幅広く相談を行っています。ベテランの相談員が対応するため、それぞれの事情に応じたアドバイスが受けられます。相談は随時受け付けていますが、電話での予約が必要（平日に1日3組まで受け付け）。遠隔地で訪問できない人にはビデオ会議アプリ「Ｚｏｏｍ」によるオンライン面談や電子メールでの相談にも応じています。新規就農した50人ほどの先輩方へのメール相談も可能。

一方、都道府県の新規就農相談センターは、農業会議と青年農業者等育成センターの2か所、または1か所に置かれています（25ページ参照）。多くの都道府県センターでもホームページを開設しており、各県の農業概要や新規就農の支援措置を閲覧できるほか、メールでも相談できます。

「新・農業人フェア」に行ってみよう

農業を生涯の仕事にしたい！　もっと農業について知り

たい！　そんな声に応えて毎年行われているのが、年間約８千人が訪れる「新・農業人フェア」。最大のポイントは、全国の農業法人と自治体の就農窓口・新規就農相談センターや自治体、研修機関などが一堂に会し、就農に関する相談がその場で行えること。就農したい法人や都道府県まで足を運ばなくても、一つの会場で、かつ１日で有益な情報を手に入れられます。「現場の声」を直接聞くことができる、大変有意義なイベントです。

■農業就職・転職LIVE

人材を募集する全国の農業法人、農業経営者が出展する合同会社説明会です。

（2020年度の開催日程・場所）
8/1（土）東京
10/17（土）東京
12/5（土）大阪
2/27（土）東京

■農業EXPO

就農に必要な資金、技術の習得、農地の取得など就農に関する総合的な相談ができます。

（2020年度の開催日程・場所）
7/26（日）東京
9/27（日）東京
11/14（土）大阪
2/7（日）東京

2020年度の農業EXPOのブース

【知る】ご当地農業相談ブース

都道府県、自治体などのブース。地域の特色、特産品、支援体制・補助金、移住などの情報提供・相談を受けられます。

【働く】農業法人就職ブース

農業法人・個人農家のブース。栽培作物や仕事の内容・やりがい、就業環境など経営者や人事担当者から直接話を聞けます。

【習う】農業研修生ブース

農業法人や個人農家、研修を行う公的機関のブース。研修環境・内容、過去の研修生の状況などがわかります。

【学ぶ】農業学校ブース

農業大学校や教育研修機関のブース。その人に合ったカリキュラムやオープンキャンパスなどの情報が得られます。

就農相談員のアドバイス

新規就農の場合、「どこで」（都道府県や市町村）、「なにを」（どんな作目を）するのかを決めないと先に進めません。ある程度地域を絞り込んだら、栽培する作目に適した農地と、そこに近い住居を探すことになります。その際、市町村役場などの関係機関に連絡を取り、足を運んで顔つなぎをすることが大事です。

「どこで」「なにを」を決める判断材料として考慮したいのが、行政の受け入れ支援措置の活用です。研修期間中の生活費の助成から農地や機械・施設の取得、運転資金の借り入れや補助、経営開始後のフォローアップなど、都道府県や市町村ごとにさまざまな支援がありますので、活用すれば自ずと「どこで」「なにを」が決まります。

支援措置を活用しない場合でも、研修はできるだけ就農を希望する市町村か、そこに近い場所で行うのが理想です。農業は気候風土にあった栽培体系・栽培技術がありますし、農地を借りる際の信頼づくり（顔つなぎ）や出荷・販売先を見据えた点からも大事です。

相談を通して浮かび上がった「新規就農成功に向けた秘訣」として、①新規就農の強い気持ちと総合力、②地域とのコミュニケーション（信頼関係を築き、地域に溶け込む努力）、③農業は一人ではできない（家族・パートナー・仲間づくり）、④農業経営者は社長（サラリーマン感覚は捨てる）、⑤自己資金は多い方が良い、⑥販売まで考えた経営計画、⑦インターネットに溢れる「就農情報」の適切な選別・選択、⑧研修と就農先のリンク（良い指導者との巡り会いも大事）が挙げられます。

情報収集をきちんと行い、体験・研修や現場見学を通じて自分が農業に向いているか、関心（決意・覚悟）の度合いなどを確認した上で、法人への就職や研修、独立に向けて動くことになります。仕事を決めるのは人生の大事ですから、あせらず、じっくりと取り組んでください。

3 相談

就農相談員によるメール相談

全国新規就農相談センターに寄せられた電子メールでの相談に対し相談員が実際に回答したものです（一部割愛するなど編集しています）。

Q 農業を始めようとする場合、どんな心構えが要りますか？

A 強い意欲と情熱、起業マインドを持つことです

まずは、農業や農村にいろんな夢やあこがれを持つことが大切です。実際に農業を始めようとする場合は、「夢を現実のものにするぞ！」という強い意欲と情熱が欠かせません。成長産業の一つとして注目を集めている農業の分野で、「立派な経営者になってやるぞ！」という起業マインドが必要となります。

「新規就農者の就農実態に関する調査（2016年3月）」では、「自ら経営の采配を振れるから」が5割、「農業はやり方次第でもうかるから」が4割近くを占めるなど、農業経営者としての裁量や経済面での可能性に着目する新規就農者が増えています。農村の現場でも、強い意欲と情熱をもとに経営能力を磨きながら営農を続け、農村に定着してくれることを望んでいます。

Q 農業を始める前に、農作業や農村生活を体験した方がいいですか？

A 非常に大切なことです。ぜひ体験してみてください

農業や農村生活の経験がまったくない人が新しく就農しようとする場合、その前に作りたい作物・飼いたい動物に実際に触れて栽培や飼育を体験してみたり、農村生活を経験しておくことは非常に大切なことです。なかでも特に、技術的な面での経験をある程度積んでおく必要があるでしょう。それには、高校・大学など農業関係の学校で教育を受ける方法が考えられますが、農家に入って実習するのも一つの方法です。

親類縁者に農家がいない場合は、お住まいの都道府県の相談センター（25ページ）などにお問い合わせください。

Q 新規就農する場所・地域はどのようにして選んだらいいですか？

A 取得できる農地があって、受け入れ体制が整っている地域がいいです

「新規就農者の就農実態に関する調査（2016年3月）」では、「取得できる農地があったから」（53％）がもっとも多く、次いで「就業先・研修先があった」（28％）、「行政等の受け入れ・支援体制が整っていたから」（27％）が続きます。

農業生産・経営にとって必要不可欠な農地を取得でき、行政等の受け入れ・支援体制が整備されていることが最も重視すべきことと言えます。今では各県やほとんどの市町村、JA等が事業主体となり、就農希望者向けに「農業担い手塾」などの研修・支援制度を実施しています。つまり、その地に身を置けば、農地のあっせんはもとより、技術支援や住居、資金補助制度などさまざまな支援策を提供してくれる地域が多くなっています。

Q 研修先の選び方と、研修期間はどれくらい必要ですか？

A 研修先は一般農家や農業法人、研修期間は1～2年がいいでしょう

「新規就農者の就農実態に関する調査（2016年3月）」では、就農前の農業研修は「実践的な経営技術が学べる」「希望作目の研修ができる」と答えた農家・農業法人が7割を占めています。そのほかの研修先としては、農業大学校（12％）、市町村・市町村公社・農協（9％）など。新規就農者が必要と考える農業研修の期間は、「1年以上2年未満」（39％）が最も多く、次いで「2年以上3年未満」（35％）です。

就農前の農業研修は少なくとも2年前後は必要です。1作物について〈播種－定植－栽培管理－収穫〉という1サイクルを通した実践的な研修が必要だからです。研修期間を1年とすると、1年1作の稲作や施設トマトなどでは作物の1サイクルの途中から研修に入る場合があり、1サイクルを通した研修ができなくなる場合もあります。

Q 農業法人での就職を考えています。取得した方がいい資格はありますか？

A マニュアル車の免許があると選択肢が広がります

酪農や肉用牛経営では人工授精師、受精卵移植師などの資格を所持していたほうが有利で、その他の畜産経営も含めて飼料製造管理者の資格があればよいと言えます。露地野菜や米麦など耕種農業の場合は、車の運転免許（AT（オートマチック）車限定ではなく、マニュアル車）の免許が必須と言えます。農業法人によってはトラクターが運転できる「大型特殊（農耕用）」や「けん引自動車運転免許（農耕用）」を求めているケースもあります。

公共交通機関が発達している都会育ちの相談者には保持していない人が多く見られますが、自動車は田舎暮らしに不可欠で、就農すれば出荷などに必要となります。中古の軽トラックなどはマニュアル車の場合も多いのです。

Q 41歳の素人が農業法人就職後、独立就農を目指す手立てがありますか？

A 40代の新規就農は、研修→独立就農が基本となります

「農業法人就職後、独立就農を目指す」コースは、一般的に「20歳代から30歳代前半」の若い年代層がたどる流れです。農業法人の求人サイトでは「年齢制限35歳、40歳」というところも多いのが実態です。このため、40代で「農業法人就職→独立就農」のコースを歩むことは非常に難しいと言えます。従って「研修→独立就農」のコースが基本となります。

新規就農を考える場合、就農作目と就農先（場所）をどうするかが大きな問題です。就農する場所が定まれば、借りられる農地があるのか、また相談者が目指す作物を栽培している研修受け入れ農家があるのかなど、役所や農業委員会と相談してみてはいかがでしょうか。独立就農を受け入れる地域のシステムがあるのかどうかについて、NPO法人や地元農家と相談することもお勧めします。

4

体験・現場見学

農業ってどんな仕事？現場で体感しよう！

就農への道のりを明確にするには、自分の目で確かめるのが一番です。農業体験・現場見学は「農業を仕事にできるか」という自分の適性をチェックするのに役立ちます。参加者同士で情報交換をしたり、先輩就農者と出会ったりする場ともなります。内容や期間はさまざまで、耕作技術を学べる体験もあります。とくに現場見学は生産者の話を直接聞ける機会です。主に休日、日帰りで開かれており、参加費用は食事代のみなど安価なものが多くなっています。

定住・就業対策として農業体験を実施する自治体も増えています。見学中心の短期ツアーから本格的な農村生活の体験まで内容も多彩。作業や長期滞在に金銭を支給するなど、単なる体験の枠を超え参加に対する支援を行う団体も増えました。参加の時期を問わない、ごく短期の参加が可能など参加条件面でハードルを低くしている団体もあります。交通費は実費負担の場合が多いですが、参加費はおおむね無料。自治体の中には農業体験から研修、就農準備まで一貫した支援を行うところもあります。

農業インターンシップ（農業法人等での体験）

全国約２００社の農業法人等で行う実践的な就業体験です。原則、経営者宅や寮などへの泊まり込みで、農作業体験だけでなく、経営者と農業の魅力や経営などについて話せます。自分の農業適性を確認し、農業法人に就職した後の早期離職（ミスマッチ）を防ぐこともできます。体験期間は２日～６週間、参加費用（保険含む）は原則無料（現地までの交通費は体験者の自己負担です）。

募集コース（2020年度）

①一般コース
［対象］学生、社会人の方
［期間］連続した2日以上6週間以内で希望する期間を設定

②週末等コース（社会人限定）
［対象］社会人の方
［期間］土日など2日以上の休日を複数回組み合わせて設定

●問い合わせ・申し込み・運営／
公益社団法人日本農業法人協会
〒102-0084
東京都千代田区二番町9-8　中央労働基準協会ビル1F
TEL03-6268-9500　FAX03-3237-6811

チャレンジ・ザ 農業体験・研修
（学校での体験・研修）

農業者を育成する専門学校（茨城県の日本農業実践学園）と連携して行っている体験・研修活動で、1、3、5日間、1、3カ月間のコースと高校生・大学生を対象とした短期農業研修があります。稲作、野菜など希望のコース（時期、作目）を選び、随時申込みできます（時期により開設できないコースもあります）。

募集コース（2020年度）

①短期農業体験コース（原則、月～金曜日の早朝～夕方まで）

5日間	25,000円
3日間	14,000円
1日間	3,000円

②中期農業研修コース（原則、月～金曜日の午前まで）

1カ月間	73,000円

③農業実践コース（原則、月～土曜日の午前まで）

3カ月間	203,000円

※それぞれ期間中の食費・宿泊費・研修費・傷害保険料等を含みます。

●問い合わせ・申し込み／
全国新規就農相談センター（一般社団法人全国農業会議所）
〒102-0084
東京都千代田区二番町9-8
中央労働基準協会ビル2F
TEL03-6910-1133　FAX03-3261-5131

●研修場所／日本農業実践学園
〒319-0315　茨城県水戸市内原町1496
TEL029-259-2002　FAX029-259-2647

農を考える手がかり
農業体験農園とクラインガルテン

農業体験だけでなく、実作業をとおして農業への感触を探る方法もあります。

自治体が住民に土地を貸す従来型の「市民農園」のほか、都市部を中心に広がっているのが「農業体験農園」。これは農家に農作業を教わりながら農作業体験ができるもの。コテージに滞在しながら農作業を学ぶ「クラインガルテン」も魅力的です。

「農業体験農園」は農家の土地を借りて園主から直接農作業の指導を受けられる市民農園で、都市部で拡大している新たな農業体験のスタイルです。収穫祭などのイベントが催され、都会にいながら専門技術や知識を得られるため人気が高まっています。

「クラインガルテン」は「小さな庭」を意味するドイツ語で、農地と「ラウベ」と呼ばれるコテージがセットになった滞在型市民農園です。農業者など農業指導を行うスタッフが常駐し、スローライフを楽しみながら農作業のノウハウを学ぶことができます。地域の人と交流できるイベントが定期的に催され、田舎暮らしの足がかりとして利用する人も。1年契約で5～10年ごとに更新しますが、住民票の異動は不可。グループ利用やペット同伴など条件はさまざまです。

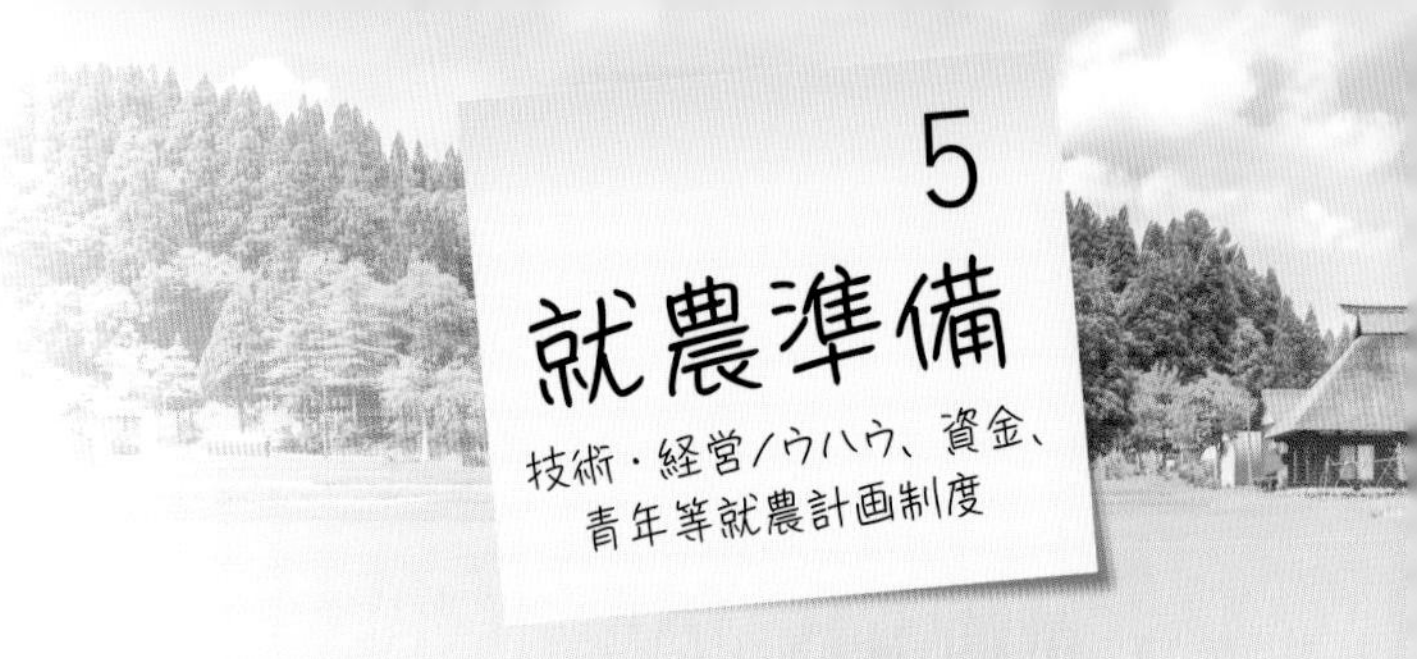

5 就農準備

技術・経営ノウハウ、資金、青年等就農計画制度

どう確保？農業に必要な5つの要素

農業経営者になることは、事業を新たに起こすこと（起業）と変わりありません。新たに農業を始めるには、①技術・経営ノウハウ、②資金、③農地、④機械・施設が必要となります。また、多くは移住をともなうため、⑤住宅も見つける必要があります。

①技術・経営ノウハウの習得

職業として農業を営むのであれば、しっかりと農業技術を習得しておく必要があります。現代の農業は科学技術の進歩で「機械力」や「科学力」がフル活用されていますが、農業生産は生き物や自然を相手にするため教科書通りにはいきません。家庭菜園程度の広さでやっていた経験が、出荷するような大きな面積になると全く役に立たないことがあります。しかも、自然条件に左右される農業技術は地域によって少しずつ異なってきます。

そこで、「作りたい作物や飼いたい家畜」「就農したい地域」などイメージが決まったら、栽培・飼養技術や経営管理のやり方を身につける必要があります。少なくともその作物の〝種まきから収穫まで〟の1サイクルぐらいの経験は積んでおくことが必要でしょう。

近年は新規就農希望者の目的に応じた多様な研修制度が整備されています。その方法も経費負担が自前か公的支援を受けるか、研修期間が短期か長期か、研修内容も机の上での学問的なものを含むか、実際に農作業を行う実習中心かなど実にさまざまです。

研修のスタイルとしては、土・日や夜間に農業の基本的知識や技術が学べる就農準備校に通う方法や、指導農業士など先進的な農家・農業法人で実践を通じて知識や技術を習得する農家研修、道府県立農業大学校や民間の農業者育成機関での実践教育などがあります。

②資金の確保

新たに農業を始める場合、農地の購入、ハウスや畜舎の建設、トラクター等の購入のほか、種代や肥料代、農薬代など営農するための資金が必要です。また、現金収入が入るようになるまでの生活資金も必要です。必要な営農資金額は経営作目によって異なりますので、営農計画と生活設計を綿密に立てましょう。

２０１６年度に全国新規就農相談センターが実施した調査によると、新規就農者が用意した自己資金の平均額は営農面で２３２万円、生活資金は１５９万円となっています。

ところが、実際に営農にかかった金額は５６９万円と、自己資金を３３７万円上回っています。できる限り自己資金を活用することが望ましいですが、公的な融資制度を活用するのも有効です。融資を受けるには一定の資格要件が必要なほか、融資額や信用状況に応じ担保の設定や保証人を求められることがあり、新規就農者にとっては借りにくい場合もあります。実際に就農した際には不時の出費も多く、自己資金を中心に余裕のある資金計画を練る必要があります。

■主な資金支援

青年等就農資金

認定新規就農者は、農業経営を始めるために必要な資金を長期、無利子で借りることができます。

《資金使途》

①施設・機械（農業生産用の施設・機械のほか、農産物の生産、流通、加工施設や販売施設）、②果樹・家畜等（家畜の購入費、果樹や茶などの新植・改植費、育成費）、③借地料等（農地の借地料や施設・機械のリース料等、農地の取得費用は対象外）、④その他の経営費（経営開始に伴って必要となる資材費等）。

《融資条件》

貸付利率／無利子、借入限度額／３７００万円（特認限度額１億円）、償還期限／17年以内（うち据置期間５年以内）、担保等／実質無担保・無保証人

農業次世代人材投資資金

「準備型」と「経営開始型」の2つがあり、「準備型」は道府県農業大学校や先進農家などで研修を受ける場合、研修期間中に年間１５０万円が最長2年間交付されます。

また、「経営開始型」は市町村が作成する「人・農地プラン」に位置づけられた（見込みを含む）認定新規就農者に最長５年間交付（1～3年目 年間１５０万円、4～5年目 年間１２０万円）されます。

交付を受けるには年齢（原則50歳未満）などいくつかの要件があるため留意が必要です。

■青年等就農計画制度

新たに農業を始めようとする方が作成する就農に関する計画（青年等就農計画）を市町村が認定し、認定を受けた新規就農者（認定新規就農者）に対して重点的に支援する仕組みです。

対象は、その市町村内で新たに農業経営を営もうとする青年等※で、青年等就農計画を作成して市町村から認定を受けることを希望する方です。

（※）青年（原則18歳以上45歳未満）、知識・技能を有する者（65歳未満）、これらの者が役員の過半を占める法人（農業経営を開始してから一定期間（５年）以内のものを含み、認定農業者を除きます）

認定新規就農者には青年等就農資金の借り入れや農業次世代人材投資資金（経営開始型）の交付など多くのメリット措置があり、新規就農者の強い味方となっています。

認定新規就農者のメリット措置

- 青年等就農資金（無利子融資）
- 農業次世代人材投資資金（経営開始型）
- 担い手確保・経営強化支援事業
- 強い農業・担い手づくり総合支援交付金（融資主体補助型）
- 経営所得安定対策（ゲタ・ナラシ対策）
- 認定新規就農者への農地集積の促進
- 農業者年金保険料の国庫補助（青色申告者に限る）

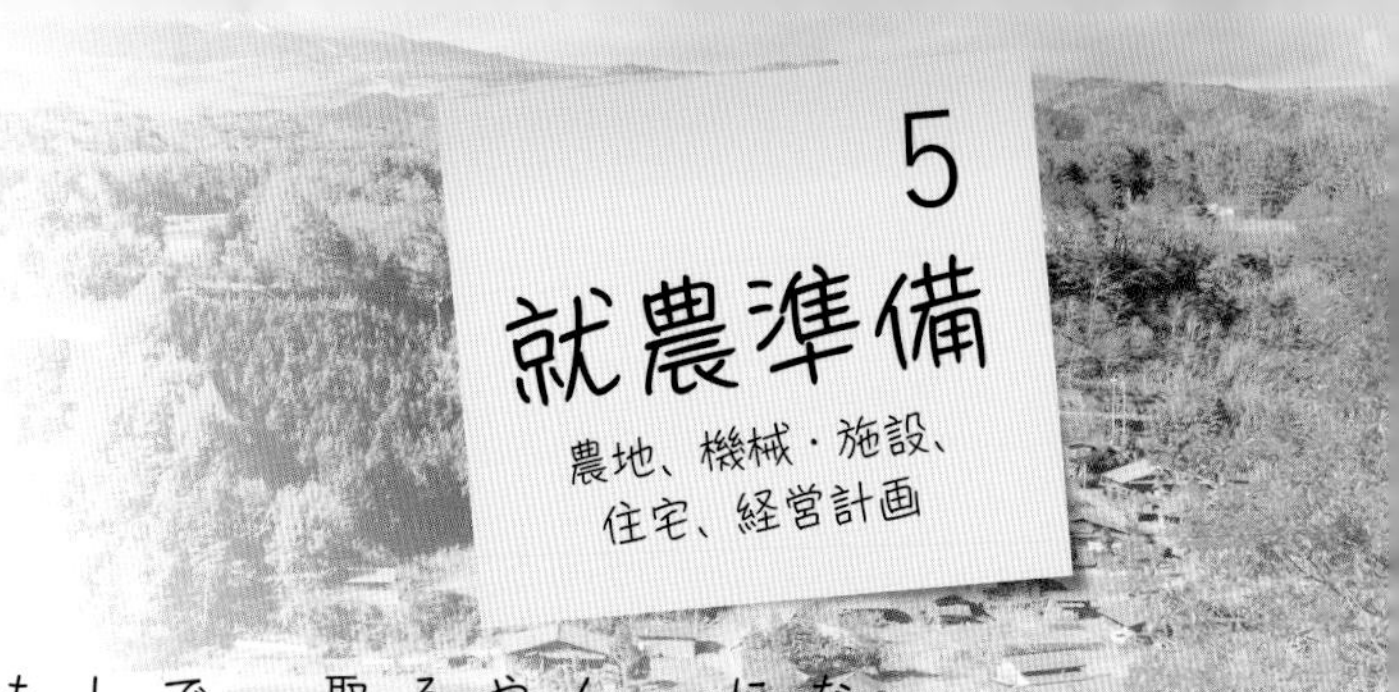

5 就農準備

農地、機械・施設、住宅、経営計画

③農地の確保

農地を買ったり借りたりする場合には、契約を結ぶだけでなく農地に関する法律（農地法や農業経営基盤強化促進法）に基づき、市町村の農業委員会の許可等が必要になります。

新規就農者という理由だけで許可されないことはありませんが、下記ア～オの要件を満たす必要があります。農業技術や機械・施設の装備、さらに農地を取得し、どんな農業をやるのか（営農計画）等については、そうした農地等の権利を取得する場合の要件の判断基準として問われてきます。

既設の畜舎（牛舎、鶏舎など）や山林を買う場合は、農地ではないので農地法の許可は必要ありません。ただし、取得した山林などを開発する場合は他の法律の許可が必要な場合もありますので、まず農業委員会などに相談することが大切です。

そのほか、円滑な農地取得を支援することを目的とした農地中間管理事業があります。この事業により農地を取得するには、農地中間管理機構が行う農地借り受け希望者の募集に応募することが必要です。

就農先で農地を取得するには、自分の目指す農業経営や家族の納得する生活条件などを考慮して就農候補地をいくつか設定し、その中で必要な農地面積、日照条件、土壌条件、水利権など、さらに購入する場合は農地価格を十分検討して選定することが望ましいです。

実際の取引は相手の人柄をよく知ってからという話をよく聞きます。このため、農地取得の際は、新規就農者の受け入れに積極的な県や市町村の情報を収集するとともに、場合によっては就農候補地に先に住居を移し、地域における信頼関係を作ることも考えてください。

全国農業会議所が運営する「全国農地ナビ」（https://www.alis-ac.jp/）では、新規就農希望者が買ったり借りたりできる農地情報を得ることができます。

④機械・施設の確保

現代の農業は、一部の有機農業などを除いて一般的にはかなり施設化、機械化しており、新規に農業を始める場合、すべて

農地の権利移動の要件
（買ったり、借りたりするには）

Ⅰ 通常

ア［全部効率利用要件］ 農地のすべてを効率的に利用して耕作を行うこと

イ［下限面積要件］ 経営面積の合計が原則50a以上（北海道は2ha以上）であること（市町村によっては農業委員会がこれより低い面積を定めている場合があります）

ウ［農作業常時従事要件］ 個人の場合は農作業に常時従事すること

エ［農地所有適格法人要件］ 法人の場合は農地所有適格法人であること

オ［地域との調和要件］ 周辺の農地利用に悪影響を与えないこと

Ⅱ 解除条件付き貸借（上記ウ、エを満たさない場合）

上記ア、イ、オを満たすこと。これに加えて、

カ 書面による解除条件付きでの契約

キ 地域の農業における他の農業者との適切な役割分担の下に継続的かつ安定的に農業経営を行うと見込まれること

ク 法人の場合（農地所有適格法人を除く）役員等の1人以上が耕作又は養畜の事業に常時従事すること

を一度に揃えようとすると多くの資金を必要とします。稲作の場合、機械整備一式で最低1千万円は必要となります。畜産の場合は畜舎建設、施設園芸ではハウス建設に相当の投資が必要です。県・市町村によっては、さまざまな支援を行っている所もあります。

新規就農者の場合、まず農地購入の資金や1年は無収入と想定した場合の生活費の準備などに多くの資金を必要とし、施設や農機具の購入まで資金的に余裕がないのが一般的です。そこで、当初は必要最小限の農機具や施設を手当てし、経営が軌道に乗りはじめてから徐々に装備を充実していくほうが堅実です。中古品やリース、借り受けなどで対応するのも負担を軽減する方法の一つです。

また、離農した農家などの農機具、施設を農地や住宅と経営内容をセットで買い取るのも一つの方法です。全国新規就農相談センターでは、このような第三者への経営継承についても相談に乗っています。

⑤住宅の確保

農作物の栽培は、常に自然現象に左右されます。適時適切な栽培管理をしていくには、できるだけ住居の近くに取得農地があることが望ましいと言えます。住居は、就農希望先の関係機関・団体や、就農のお世話をしてくれた人などを通じて探してもらうのが一般的です。なるべく農地と合わせて確保できるよう、地元の人たちの協力を得ることが大切です。

なお、公的住宅は一定の入居条件がありますし、空き家の場合でも築年数により傷みがひどく、予想以上に補修費がかさむなどの問題もありますので、買い取る場合は特に注意が必要です。

また、学校や病院等の生活関連施設が近くにあるか否かも重要なことです。JOIN（一般財団法人移住・交流推進機構）が運営する「ニッポン移住・交流ナビ」や国土交通省が運営する「全国版空き家・空き地バンク」等から住宅、学校・病院等生活関連施設に関する情報を得ることができます。

■経営計画を立ててみよう

研修を終えたら（終える前に）経営計画を立て、目指す経営像が実現可能かよく吟味します。作目、経営農地面積、労働力、資金から生産計画を立て、どの程度の収益を上げられるか計算してみましょう。収量や販売価格は、農林水産省や各地の卸売市場のホームページで公開されている数値が参考になります。1年目から地域の平均収量を上回ることは難しいので、収量は低めに見積もりましょう。

機械や施設の価格は農林水産省やメーカー、販売店のホームページで確認できます。地域の標準的な作型や必要な施設などを知るには、都道府県にある普及指導センターに聞くのも有効です。初期費用を抑えるには中古で購入したり、離農農家から安く譲ってもらうことも考えましょう。

農林水産省の統計情報

『農業経営統計調査』（毎年）営農類型別の農業・農外所得など
『農業物価統計』（毎年）肥料・農薬・機械の購入価格
『農林業センサス』（5年ごと）農業者数・農地面積など農業構造全般
※農林水産省ホームページで確認できます。

6

就農事例

平松希望さん①

壊滅的な津波被災地で新規独立就農

仙台市荒浜、荒井地区　平松希望さん

東日本大震災で壊滅的な津波被害を受けた仙台市若林区の荒浜、荒井地区。ここで新規独立就農して4年が経つ平松希望（のぞみ）さん（28）は、地域住民から借りた0・6ヘクタールでブロッコリーやキャベツ、トウモロコシ、枝豆など約20種類の野菜を生産・販売しています。2021年からは震災遺構・荒浜小学校に隣接する集団移転跡地0・9ヘクタールを同市から借り受け、計1・5ヘクタールに拡大した農園の経営安定とともに地域農業のこれからを考える拠点づくりに乗り出しています。

ボランティアで瓦礫拾い　諦めず、頑張り続ける農家に感動

平松さんは富山県滑川市の出身。震災2日前に東北大学農学部に合格し、入学手続きで仙台市内にいた時に震災に遭いました。入学後、「自分にできることがあるなら、やろう」と、地元大学生の復興支援サークル「ReRoots（リルーツ）」のメンバーとして農地の瓦礫拾いや、沿岸部で採れた農作物を販売する店舗の運営などを経験しました。

ボランティア活動を通じ、大変な被災の中でも前を向き、諦めずに頑張り続ける農家の姿に感動。一方で集団移転により離農が進み、深刻な担い手不足に直面する沿岸部の農業に強い危機感を抱きました。平松さんは「自分にできることは何だろう」と考える中で、自ら農家になり、地域産業を担いたいと思うようになりました。在学中には全国各地で行われる視察や座学の勉強会、短期の農業研修を可能な限り受講。非農家出身・県外出身で知識や経験がなかったため、「自分が農業に向いているのか、どんな農業ができるのか」を考える貴重な機会となりました。大学卒業後、県内の農業法人や農家で2年間研修し、2017年4月に「平松農園」として独立。6月には市から認定新規就農者に認定されました。

「土づくり、ものづくり、人づくり」出来ることから着実に実践

平松農園では「土づくり、ものづくり、人づくり」を経

仙台市内の小学校で災害と農業への想いを伝えた平松さん（2019年10月、平松農園提供）

営理念に掲げます。まずは「ものづくり」に責任が持てるよう、地域の農家とともに美味しく健康的な野菜づくりに力を入れます。「土づくり」では沿岸被災地は砂地で痩せているため、毎年、土壌分析を行って成分を計算。農薬や化学肥料を慣行農法の半分に抑えた「特別栽培農産物」を試験的に研究しています。強みは野菜の鮮度。大消費地の仙台市中心部まで車で約30分、仙台市中央卸売市場にも近いという立地を活かし、朝採れの新鮮な野菜を市場の卸売業者に卸したり、直売所や青果店で販売しています。

震災でコミュニティーの形が大きく変わった地域のため、「人づくり」にも力を入れています。就農時に多くの住民や農業者、若い仲間に支えられた経験を糧に、地元の小学校や福祉施設、就労支援施設と連携した食農教育や農福連携を実践。農業に関心を持つ人が増えていることから、県の新規就農者ネットワークと連携した就農者の定着支援にも取り組んでいます。

市内青果店に並ぶ平松農園のブロッコリー
（2020年6月、平松農園提供）

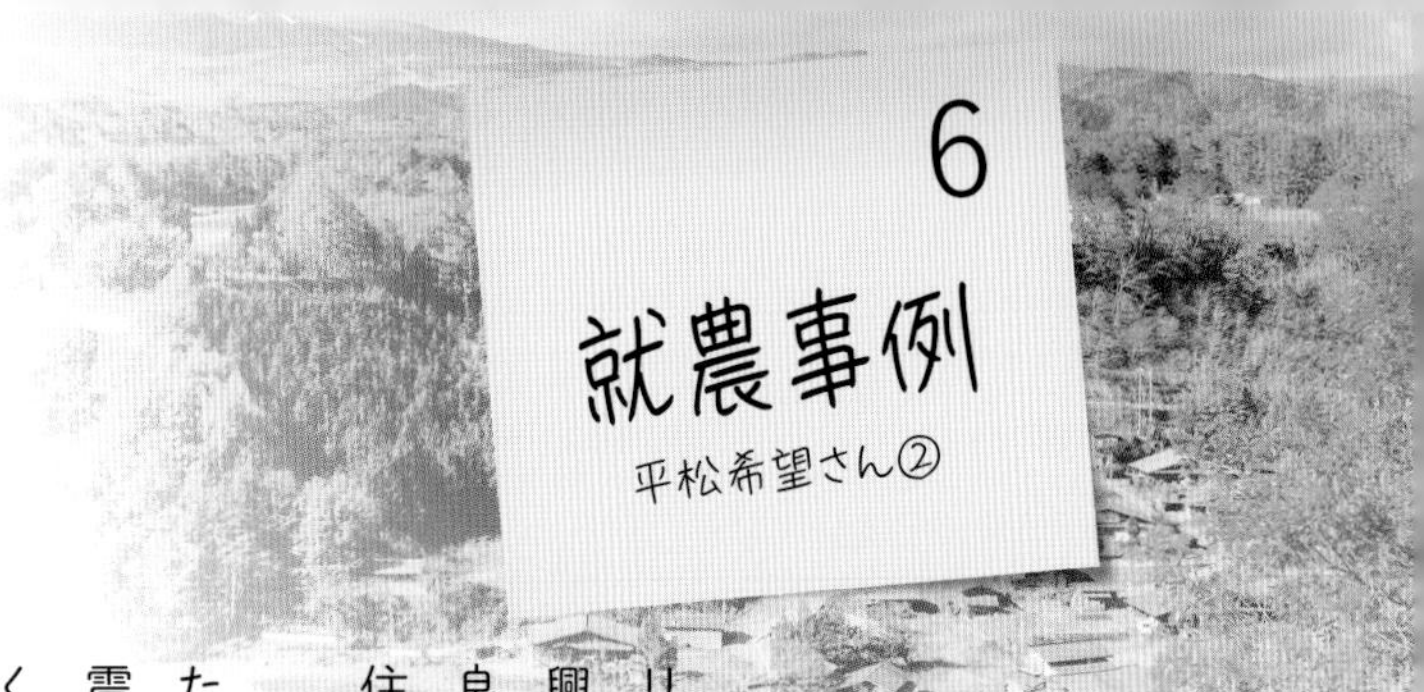

6 就農事例

平松希望さん②

地域の農業 受け継ぎ 次世代につないでいきたい

市から借り受けた集団移転跡地で、1年目の今年はマリーゴールドを植える予定です。震災後10年を経ても復興途上で茶色い土地が目立つ沿岸部の被災地。土壌を改良する緑肥として、また、地域の〝いろどり〟として、住民と協力して農業に触れる場をつくる計画です。

平松さんは「この場所を単なる（震災の）観光地にはしたくない」と考えています。農園のある仙台東部地域は震災後の大規模圃場整備や法人化により農業構造が大きく変わりました。人が住めない地区も残り、今後どう担い手を確保していくかが大きな課題となっています。集団移転跡地の長期間借り入れが決まり、平松農園の拠点を持てるようになったことから、自身の経営安定はもちろん、農村部への交流人口を増やし地域農業のこれからを考える機会をつくろうと考えています。

「地域産業である農業を受け継ぎ、次世代につないでいけるよう、津波被災地のこの地から、一歩ずつ、地域や農業の魅力を活かした取り組みを行っていきたい」。非農家から就農した平松さんの眼差しは力強く未来を見据えます。

平松希望さんの道のり

2011年3月 18歳	2011年4月～ 18歳	2015年4月～ 22歳	2017年4月～ 24歳	2021年1月～ 28歳
東日本大震災発生 仙台市内で震災経験	**東北大学農学部入学** 沿岸被災地でボランティア、県内外の視察、農業研修に参加	**東北大学卒業** 県内の農業法人、農家で2年研修	**平松農園として新規独立就農** 就農後の6月に認定新規就農者	**集団移転跡地を市から借り受け** 作業環境の整備、圃場の集積・拡大

震災遺構・仙台市立荒浜小学校を背に、市から借り受けた集団移転跡地に立つ平松さん（2021年3月、平松農園提供）

平松農園データ

◆認定新規就農者は就農直後の2017年6月に認定。その後、経営面積の変更などに伴い再認定された。

◆視察・研修会には積極的に参加。北海道や山梨県など県外・県内を問わず農業体験を約20回、視察・研修を約60回経験した。

◆農地は、非農家出身・地域外の出身であり、仙台市内のため条件の良い優良な農地、作業場などを設置できる土地の確保に苦労したが、ボランティア活動と2年間の農業研修などを通じて地域の信頼を得て紹介してもらった。

◆ビニールハウスは3棟（うち1棟は市から補助）。機械や設備は就農後4年間で少しずつそろえた。軽トラックやトラクターは中古、野菜苗移植機、管理機、刈り払い機、動力噴霧機、ポンプなどは新品で購入。水道、電気を整備し、一部は若手農家と共同利用している。

◆労働力は本人と短期アルバイト1～3名。経営面積が1・5ヘクタールへと拡大する中でも、機械化と省力化資材の活用により従業員の雇用は当面行わない予定。

◆農業次世代人材投資資金（準備型と経営開始型）を受給し、仙台市の小規模機械やパイプハウスの補助事業も一部活用している。日本政策金融公庫の青年等就農資金は認定新規就農者が活用できる無利子融資を活用し、経営基盤を整えた。天候や自然災害のリスクに備え、収入保険、園芸施設共済と農機具共済にも加入。

所在地／仙台市若林区荒浜字新堀端29-1
（震災遺構・荒浜小学校の東隣）
SNS ／ Twitter @nouenhiramatu
Note @nouenhiramatu
Instagram @hiramatunouen_sendai

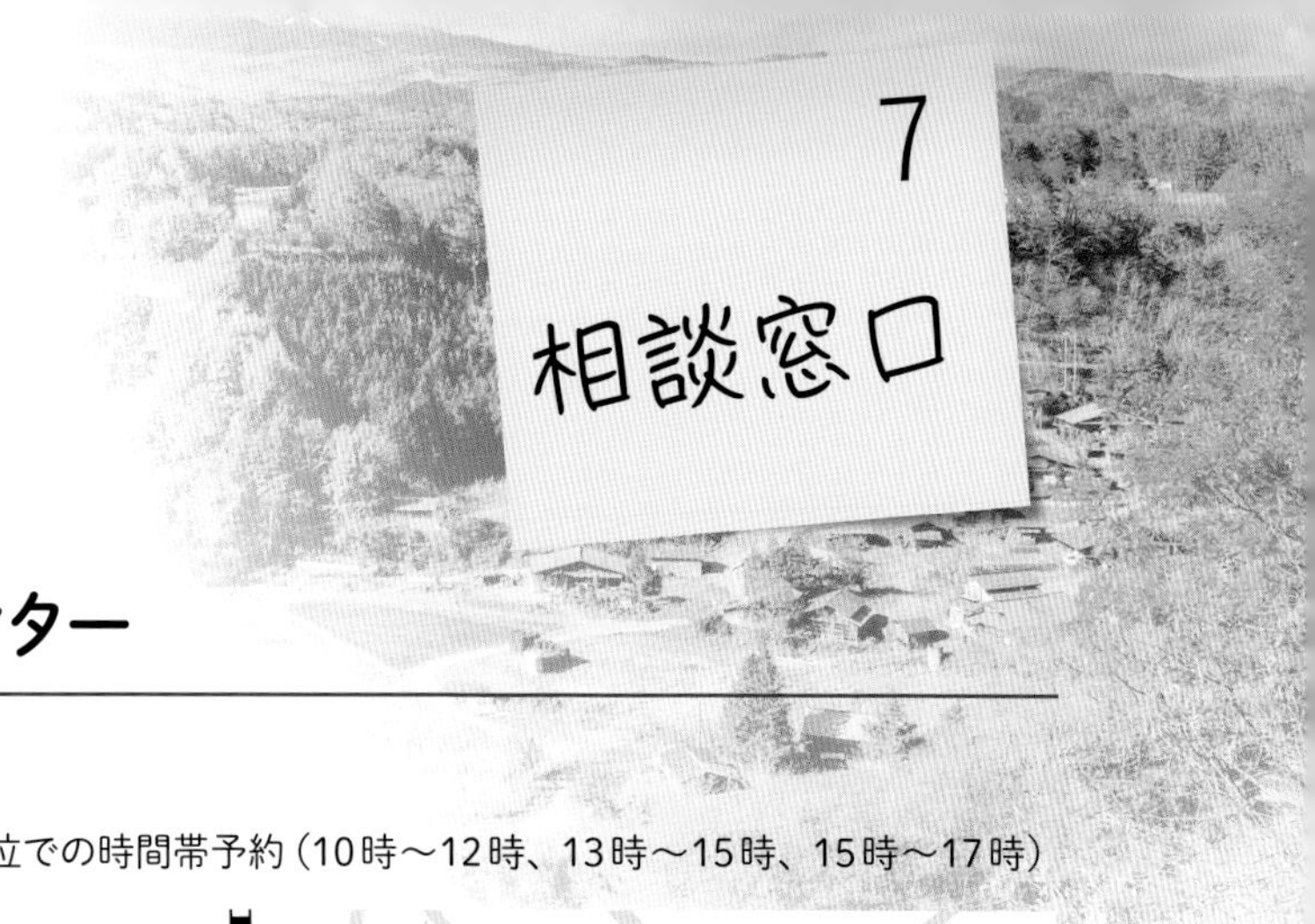

7 相談窓口

■全国新規就農相談センター

相談日・相談時間

月～金（祝祭日、年末年始除く）2時間単位での時間帯予約（10時～12時、13時～15時、15時～17時）

※事前の電話予約が必要です。
　専門の相談員が対応いたします。

所在地

〒102-0084
東京都千代田区二番町9-8
中央労働基準協会ビル2F
TEL 03-6910-1133　FAX 03-3261-5131

アクセス

JR 中央線・総武線「四ツ谷駅」
麹町口より徒歩8分

東京メトロ有楽町線「麹町駅」
4番出口より徒歩4分

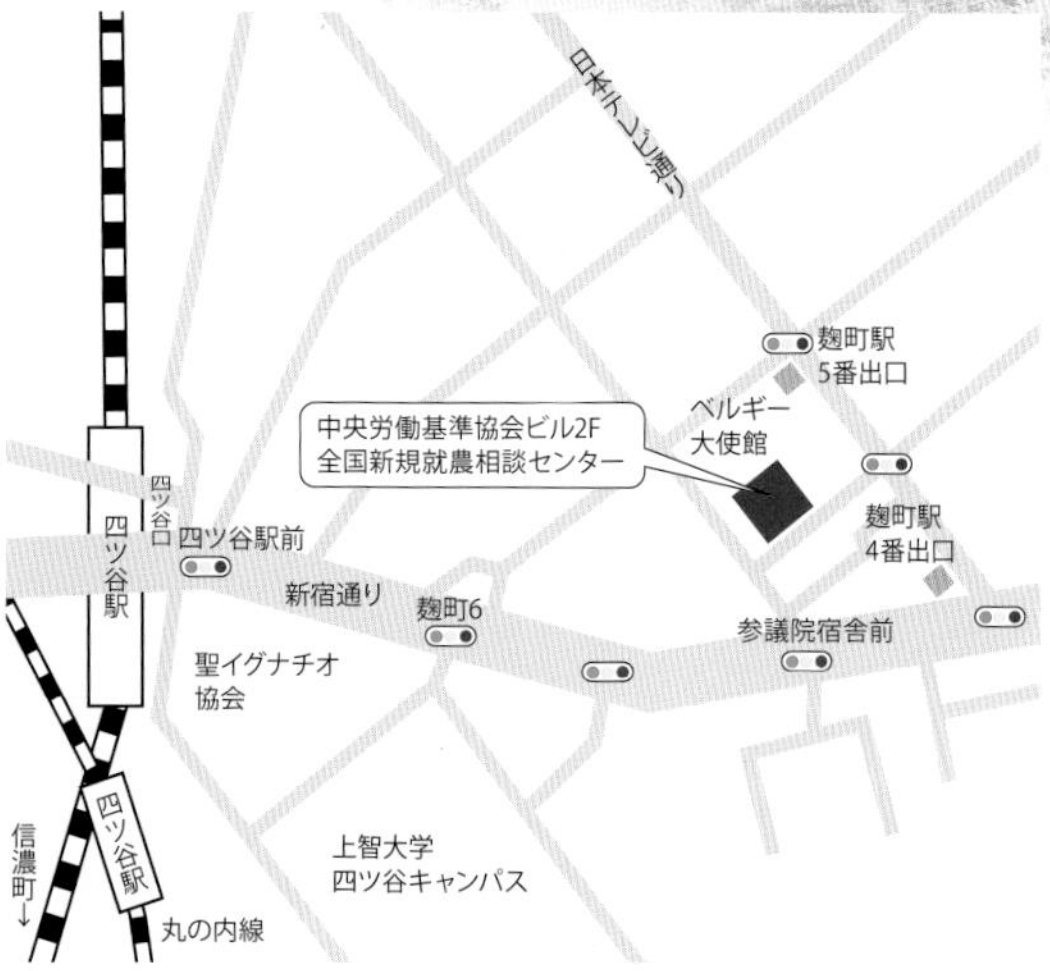

東京駅「八重洲口」エキチカ（駅近）

■「移住・交流情報ガーデン」ワンストップ移住支援窓口

～専門の相談員が就農相談にも応じます～

① 相談窓口コーナー
② イベント・セミナースペース 地域資料コーナー
③ 「全国移住ナビ」情報検索コーナー

開館時間

（平日）11時～21時
（土日祝）11時～18時（月曜休館）
※電話予約は不要です。

所在地

〒104-0031
東京都中央区京橋1丁目1-6　越前屋ビル1F

アクセス

JR 線「東京駅」八重洲中央口より徒歩4分

東京メトロ銀座線「京橋駅」より徒歩5分
東京メトロ銀座線・東西線・都営浅草線
「日本橋駅」より徒歩5分

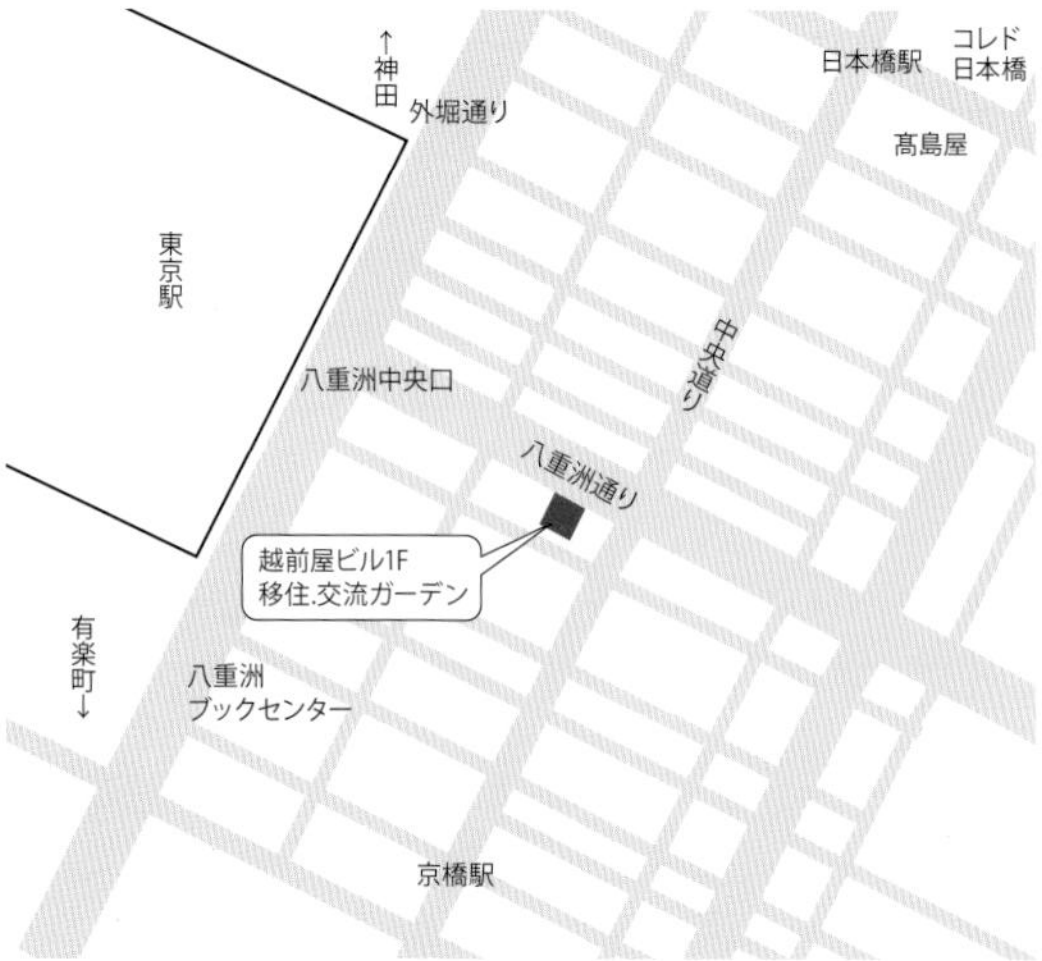